Dler Adil Jameel Jamee

Propriedades eléctricas e métodos de deposição de dispositivos semicondutores

Dler Adil Jameel Jamee

Propriedades eléctricas e métodos de deposição de dispositivos semicondutores

ScienciaScripts

This book is a translation from the original published under ISBN 978-620-2-00313-1.

Publisher:
Sciencia Scripts
is a trademark of
Dodo Books Indian Ocean Ltd. and OmniScriptum S.R.L publishing group

120 High Road, East Finchley, London, N2 9ED, United Kingdom
Str. Armeneasca 28/1, office 1, Chisinau MD-2012, Republic of Moldova, Europe
Printed at: see last page
ISBN: 978-620-7-70467-5

Índice:

Parte 1

Resumo

Durante as últimas décadas, os métodos de formação de películas finas aumentaram significativamente. Em geral, uma película fina é uma película de pequena espessura produzida por deposição física de vapor (PVD) e por deposição química de vapor (CVD). Apesar de a técnica PVD ter alguns inconvenientes, continua a ser um método importante e mais vantajoso do que a técnica CVD para a deposição de películas finas de materiais. Este projeto examina algumas semelhanças e diferenças notáveis entre os sistemas PVD e CVD, bem como avalia as diferentes técnicas de deposição de películas finas. A maioria dos investigadores tem tentado explicar e justificar o sistema mais preciso de deposição de películas finas, uma vez que este é importante em várias aplicações, tais como cirúrgicas/médicas e automóveis. Conclui-se que o método mais eficaz de deposição é o processo PVD. Além disso, verificou-se que existem mais diferenças do que semelhanças entre os processos PVD e CVD.

Capítulo 1

Introdução

Ao longo dos últimos dois séculos, o processo de deposição de películas finas tem sofrido alterações significativas. De facto, Fraunhofe observou pela primeira vez a formação de uma camada de película fina há mais de 195 anos na superfície do vidro (ETAFILM Technology Inc, n. d). De acordo com Wasa, Kitabatake e Adechi (2004), uma película fina é um material de pequena dimensão no substrato produzido pela intensificação, uma a uma, de espécies iónicas/moleculares/atómicas de matéria. A espessura da película fina é geralmente inferior a alguns microns. De facto, existe um outro tipo de película, denominada película espessa, que é conhecida como um material de pequena dimensão formado pela acumulação de grandes grãos/agregados/aglomerados de espécies iónicas/moleculares/atómicas ou pela diluição de um material tridimensional.

De facto, nos últimos 50 anos, as películas finas têm sido utilizadas para o fabrico de revestimentos ópticos, dispositivos electrónicos, peças decorativas e revestimentos duros para instrumentos. A película fina é uma tecnologia de materiais convencional bem estabelecida. Em contrapartida, uma vez que a tecnologia de película fina é um dos principais melhoramentos de novos materiais, como os materiais nanométricos no século XXI, continua a ser desenvolvida diariamente (Wasa, Kitabatake e Adechi, 2004).

Por outro lado, atualmente, o processo de deposição é classificado em dois tipos de sistemas: a deposição física de vapor (PVD) e a deposição química de vapor (CVD), dependendo do princípio diferente que provoca a deposição da película. A primeira técnica, PVD, divide-se em duas classes: evaporação térmica e pulverização catódica; a segunda, o método CVD, divide-se em deposição de vapor químico com reforço de plasma (PECVD), deposição de vapor químico a laser (LCVD) e deposição de vapor químico orgânico metálico (MOCVD) (Singh e Shimakawa, 2003, e Pathan, 2004).

O objetivo deste projeto é ilustrar as semelhanças e diferenças entre dois tipos de processos de deposição, que são a deposição física de vapor (PVD) e a deposição química de vapor (CVD), para a produção de película fina sobre o substrato. Além disso, o objetivo deste trabalho é avaliar os métodos mais favoráveis de processo de deposição de película fina. Em primeiro lugar, este projeto não só apresenta uma breve panorâmica da deposição física de vapor e dos seus tipos, que são a evaporação térmica e a pulverização catódica, como também explica as vantagens e desvantagens do sistema PVD na secção um. Além disso, será explicado brevemente apenas um método de deposição de vapor químico, designado por deposição de vapor químico enriquecida com plasma (PECVD). Além disso, as vantagens e desvantagens do sistema CVD serão examinadas na secção dois. Por fim, na unidade três, será feita uma comparação e um contraste entre os dois processos.

1. Deposição física de vapor (PVD)

Freund (2003) afirma que a deposição física de vapor, que é uma das abordagens para fabricar materiais de película fina no substrato, é um sistema em que os processos físicos ocorrem através dele, como a evaporação, a colisão de iões ou a sublimação num alvo, a transferência de átomos de uma fonte sólida ou fundida para um substrato facilmente.

De um modo geral, os processos de PVD são realizados em condições de vácuo e envolvem quatro etapas. Em primeiro lugar, a evaporação, durante esta fase o alvo é evaporado por uma fonte de energia elevada, como o aquecimento resistivo ou o feixe de electrões. Em segundo lugar, o transporte, os átomos vaporizados movem-se do alvo para a superfície do substrato através desta fase. O terceiro passo é a reação, em alguns casos a deposição, se houver um gás como o azoto ou o oxigénio no sistema, os átomos dos materiais reagem com o gás. Se, no entanto, nos casos em que o revestimento não contém gás, mas é constituído apenas pelo material alvo, esta fase não faz parte do processo. Finalmente, a deposição, através desta fase a superfície do substrato será construída. Esta técnica é classificada em dois tipos, a evaporação térmica e a pulverização catódica (AZoM 2002, e Korkin *el al* 2007).

1.1 Evaporação térmica

A referência a Wasa, Kitabatake e Adechi (2004) revela que o processo de evaporação térmica, tradicionalmente conhecido como *deposição em vácuo*, é utilizado como a técnica mais simples para a preparação de películas finas com um pequeno número de micrómetros (μm) de espessura. O processo de evaporação térmica consiste em processos de evaporação e condensação numa câmara de vácuo ($\approx 1 \times 10^{-5}$ millibar). Em primeiro lugar, os materiais de origem são evaporados pela fonte aquecida, que se mantém a alguns centímetros de distância de um substrato. De seguida, as partículas evaporadas são condensadas no substrato. Este processo pode utilizar dois tipos de fontes, a resistiva e a de feixe de electrões, que são apresentadas na Figura (1).

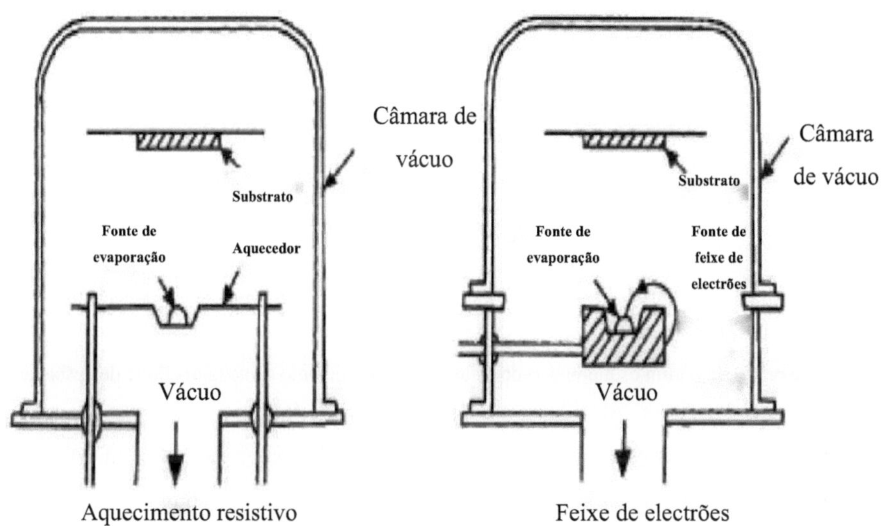

Figura 1: Tipos de processos de evaporação térmica (Wasa, Kitabatake e Adechi, 2004: 34)

O sistema de revestimento por vácuo mostrado na Figura (2) é constituído por uma bomba rotativa mecânica que é utilizada para evacuar a câmara através da linha de desbaste, como se mostra na Figura (2a), da pressão atmosférica para um nível de, e uma bomba de difusão que pode ser utilizada como uma bomba primária para manter a pressão na câmara inferior a 5×10^{-2} milibar, e uma bomba de alta difusão para conservar a pressão a menos de 5×10^{-5} milibar através da linha de difusão, como se mostra na Figura (2b) (Chopra, 1969).

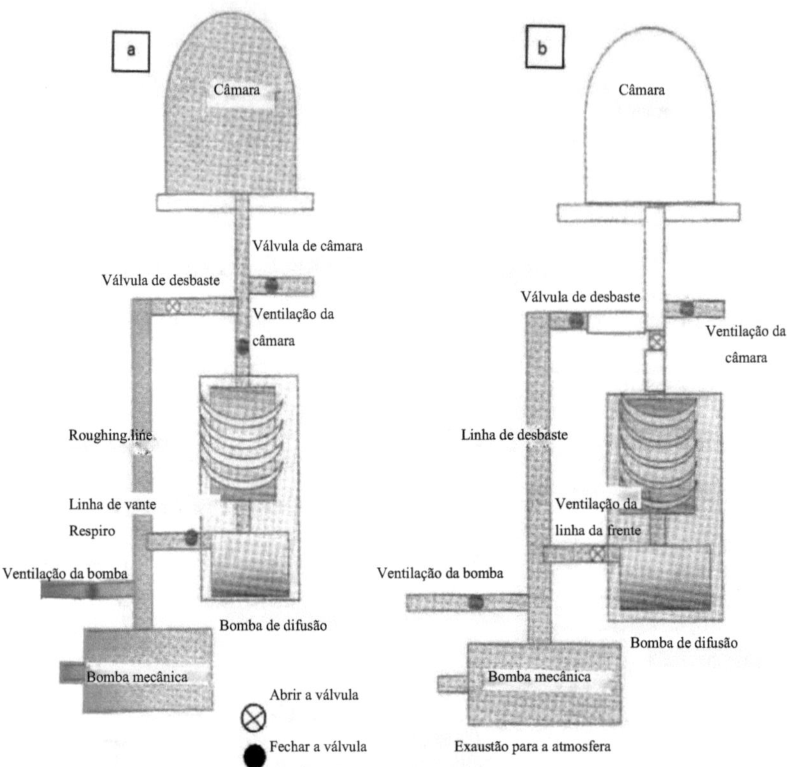

Fig2123ure 2: Diagrama esquemático do sistema de revestimento a vácuo a)- linha de desbaste: b)- linha de difusão (Jameel, 2008: 36).

O método resistivo consiste no aquecimento de materiais com um barco ou filamento aquecido resistivamente, geralmente fabricado com metais refractários como o tungsténio, o molibdénio e o tântalo, com ou sem revestimento cerâmico (Chopra, 1969).

A formação de película fina no substrato é efectuada em várias fases. Em primeiro lugar, carregar uma pequena quantidade de material de revestimento no barco, que se encontra na câmara, e colocar também o substrato na mesma câmara. De seguida, inicia-se o processo de vácuo na câmara, de modo a reduzir a pressão e a conduzir o caminho dos átomos ou moléculas livres para um meio livre muito longo. Em seguida, passa-se uma corrente elevada (10-100A) durante o barco, que sofre um aquecimento resistivo seguido de vaporização térmica do material de depósito e o grande vapor consegue chegar ao substrato. Finalmente, condensa-se de volta ao estado sólido, criando uma película fina (Cvimells Griot, n.d).

Chopra (1969) e Vossen (1991) observam que existem alguns problemas relacionados com a evaporação térmica. A alteração das propriedades ópticas que resulta da deposição de camadas de impurezas, que é produzida por reacções de algumas substâncias úteis com o barco quente. Como resultado, a estequiometria do material é fortemente influenciada por este método e, consequentemente, as películas formadas por evaporação não são muito praticáveis para aplicações optoelectrónicas. Além disso, Wasa, Kitabatake e Adechi (2004) e Freund (2003) referem que, uma vez que o material do barco (molibdénio, tungsténio ou tântalo) se dissolve a uma temperatura mais baixa, o processo de aquecimento resistivo não pode evaporar os materiais que têm um ponto de fusão elevado, em particular os óxidos metálicos como a zircónia. Se este processo utilizar este material, a película na superfície será impura. No entanto, o aquecimento por feixe eletrónico (e-beam) elimina estes problemas e, assim, a técnica de evaporação em vácuo tornou-se a preferida para a deposição de películas. Além disso, a energia cinética dos átomos do material é baixa na evaporação térmica e, por conseguinte, a superfície de deposição está protegida contra a nucleação de defeitos e danos.

1.2 Sputtering

Há mais de 150 anos, a primeira pulverização catódica foi observada num tubo de descarga por Bunsen e Grove (Wasa, Kitabatake e Adechi, 2004). A pulverização catódica é o segundo tipo de processo de PVD que utiliza tipos de radiação ativa, que tem vários sistemas diferentes que são utilizados para a deposição de película fina, incluindo o díodo dc (também conhecido como pulverização catódica dc e pulverização catódica de díodo), pulverização catódica de radiofrequência (rf) (chamado díodo de radiofrequência), magnetrão e pulverização catódica de feixe de iões. O modelo mais simples entre estes sistemas de pulverização é o díodo dc (Mattox, 2003 e Freund, 2003). Vossen (1991) salienta que os átomos no processo de pulverização catódica são geralmente expulsos de superfícies de fontes normalmente preservadas à temperatura ambiente, durante a influência de iões gasosos. Isto significa que a pulverização catódica é a tecnologia que consiste na libertação de material da fonte a uma temperatura muito inferior à da evaporação.

O sistema de díodo dc é constituído por uma câmara de vácuo, uma fonte de alimentação (alta tensão) e dois eléctrodos planos, o cátodo e o ânodo, como se mostra na figura (3). Este sistema liga-se ao sistema de vácuo para evacuar a câmara (Wasa, Kitabatake e Adechi, 2004, e Freund, 2003).

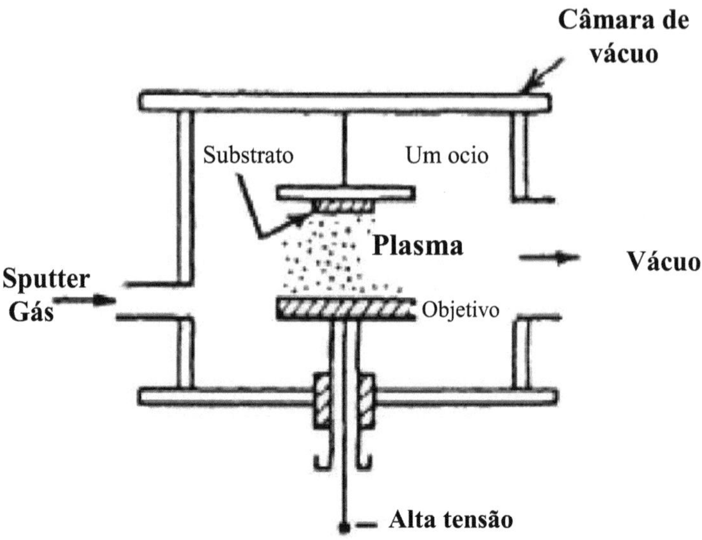

Figura 3: Sistema de díodos Dc (Wasa, Kitabatake e Adechi, 2004: 40)

O material de origem, denominado alvo, é colocado na câmara de vácuo na placa do cátodo, estando o substrato localizado na placa do ânodo, e é preenchido com gás de pulverização catódica, como o gás árgon (Ar), que é um gás inerte, a baixa pressão (4×10^{-2} torr) (Wasa, Kitabatake e Adechi, 2004, e MEMSnet, n.d). Neste tipo de sistema de deposição, os iões de árgon (Ar+) produzidos na descarga de radiação são acelerados a alta velocidade por um campo elétrico imposto em direção ao cátodo (alvo) e pulverizam o alvo, resultando na deposição de películas finas nos substratos (Wasa, Kitabatake e Adechi, 2004, e Freund, 2003).

Como salientam Freund (2003) e SiliconFarEast (2004), uma das principais vantagens do processo de pulverização catódica é o facto de o controlo da preservação da estequiometria e da regularidade da espessura da película ser melhor do que no processo de evaporação, e de existir uma flexibilidade de deposição fundamental de quaisquer materiais amorfos e cristalinos. Além disso, a deposição por pulverização catódica, para películas policristalinas, produz uma estrutura de grão de película que tem tipicamente muitas orientações cristalográficas sem textura preferida. No entanto, a energia cinética dos átomos pulverizados na deposição por pulverização catódica é superior à dos átomos na deposição evaporativa devido à existência de gás árgon (Ar) no sistema de pulverização catódica. Por conseguinte, a superfície de deposição no processo de pulverização catódica apresenta mais danos e nucleação de defeitos do que na evaporação térmica. Além disso, a concentração de átomos de impureza das películas depositadas por pulverização catódica é superior à das películas depositadas por evaporação térmica. Além disso, o tamanho do grão das películas pulverizadas é tipicamente mais pequeno do que o das películas depositadas por evaporação.

Com base nas vantagens e desvantagens dos processos de pulverização catódica e de evaporação, pode verificar-se que a técnica de evaporação térmica é mais favorável do que a técnica de pulverização catódica para a deposição de películas finas para muitos materiais de baixa e alta fusão, especialmente metais.

1.3 Vantagens e desvantagens do processo PVD

Nunca nada é perfeito; tudo tem efeitos negativos e positivos. É sem dúvida verdade que, embora o processo PVD desempenhe um papel importante em muitos domínios, tem alguns inconvenientes óbvios. Uma das vantagens significativas da utilização do processo PVD é o facto de este processo permitir a deposição de materiais com propriedades desenvolvidas em comparação com o material de substrato. Por exemplo, estas técnicas são normalmente utilizadas para aumentar a resistência à oxidação, a dureza e a resistência ao desgaste. Consequentemente, é utilizado em várias aplicações, tais como a indústria automóvel, aeroespacial, cirúrgica/médica, matrizes e formas para todos os tipos de processamento de materiais, ferramentas de corte e armas de fogo. Além disso, o processo PVD permite a utilização de aproximadamente qualquer tipo de material inorgânico, bem como de certas categorias de materiais orgânicos. Além disso, é mais acessível do ponto de vista ambiental do que processos como a galvanoplastia.

Por outro lado, uma das desvantagens importantes é o facto de a técnica PVD exigir um sistema de arrefecimento adequado, uma vez que alguns processos funcionam a vácuos e temperaturas elevados, como a evaporação de materiais com elevado ponto de fusão, e este sistema não só necessita de operadores qualificados, como também exige um elevado custo de capital. Para além disso, a taxa de deposição do revestimento é frequentemente bastante lenta; é extremamente difícil revestir superfícies e cortes inferiores semelhantes (AZoM, 2002).

Em conclusão, é importante notar que, apesar de existirem alguns inconvenientes associados ao processo PVD, nomeadamente o abrandamento da taxa de deposição do revestimento e o custo da existência de sistemas de arrefecimento adequados, os benefícios provavelmente superam as desvantagens, especialmente no que diz respeito ao aumento da resistência à oxidação, da dureza e da resistência ao desgaste. Consequentemente, o PVD é um método mais preferível do que o CVD, que será focado na próxima parte, para a deposição de películas finas para muitos materiais, bem como útil numa vasta gama de aplicações, tais como a indústria automóvel, aeroespacial e cirúrgica/médica.

Capítulo 2

2. Deposição química em fase vapor (CVD)

Choy (2003) refere que a deposição de vapor químico é uma técnica em que os processos químicos, tais como a reação química na superfície do substrato ou nas suas imediações, são realizados. De acordo com Bhat (2006), em termos formais, a CVD pode ser definida como um sistema em que uma combinação de gases reage com a superfície do substrato a uma temperatura relativamente elevada, levando à decomposição de alguns dos constituintes da combinação de gases e ao fabrico de uma película sólida de depósito de um metal ou compósito no substrato. De facto, existem muitos tipos de processos de CVD, mas este projeto pretende explicar apenas um significativo deles, que é a deposição de vapor químico melhorada por plasma (PECVD).

2.2 Deposição de vapor químico enriquecida com plasma (PECVD)

A deposição de vapores químicos com plasma (PECVD) é definida como uma deposição de vapores químicos por descarga luminescente, utilizada principalmente para a deposição de películas dieléctricas e de passivação, como as camadas de nitreto ou de óxido de silício, a baixa temperatura. A energia dos electrões (plasma) ou o gás aquecido introduzem a energia necessária não só para a reação química, mas também para permitir que o revestimento ocorra a baixa temperatura e a uma taxa sensível (Pathan, 2004 e Choy, 2003).

Em geral, há várias etapas nesta técnica para produzir película fina, como se mostra na Figura (2-1). Em primeiro lugar, o fornecimento de energia eléctrica a um gás a pressões reduzidas, com uma tensão suficientemente elevada, tem como consequência a produção de um plasma de descarga luminescente que envolve iões, electrões e espécies eletronicamente excitadas. Além disso, os efeitos dos electrões ionizam e dissociam os reagentes do vapor, produzindo assim iões e radicais quimicamente energéticos que realizam a interação química heterogénea na superfície do substrato aquecido ou perto dela e revestem a película fina. Embora a temperatura dos reagentes de vapor possa continuar próxima da temperatura ambiente, a temperatura do eletrão pode ser de aproximadamente 20.000 K ou superior, dependendo da pressão a que a descarga funciona (Choy, 2003 e Vossen, 1991).

Vossen (1991) também salienta que uma das vantagens significativas do sistema PECVD é o facto de a deposição poder ocorrer em grandes áreas a temperaturas relativamente baixas. Além disso, permite controlar separadamente a microestrutura de deposição da película. No entanto, uma das principais desvantagens deste processo é o facto de a película não ter um elevado grau de pureza. Além disso, esta técnica é geralmente mais cara do que outros sistemas.

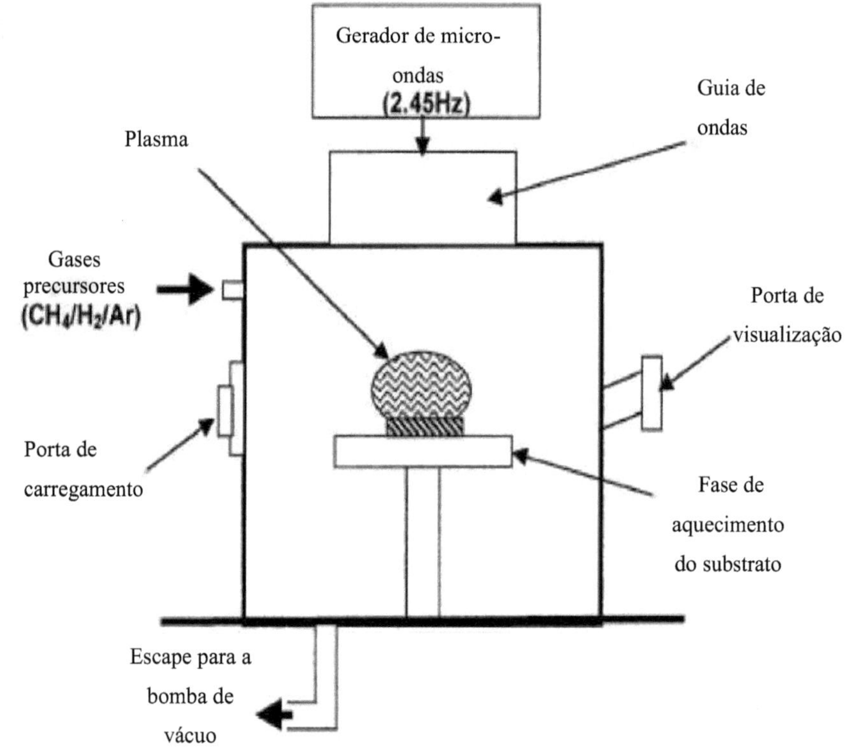

Figura 4: Deposição de vapor químico melhorada por plasma (PECVD) (Choy, 2003: 113)

Com base nas vantagens e desvantagens da PECVD, pode ser claramente visto que este método é mais favorável do que outras técnicas de CVD para depositar películas finas para muitos materiais, em particular, películas dieléctricas.

2.2 Vantagens e desvantagens do processo CVD

O sistema de CVD, tal como referido na introdução, tem aspectos positivos e negativos. A principal vantagem da utilização deste sistema é o facto de poder controlar a estrutura do cristal e gerar películas uniformes com materiais puros e de elevada densidade. Além disso, o sistema CVD tem a capacidade de formar películas com boa clivagem e aderência a taxas de deposição sensivelmente elevadas. No entanto, este método não pode controlar a estequiometria das películas que utilizam mais do que um material, porque os diferentes materiais têm taxas de evaporação diferentes (Choy, 2003).

Capítulo 3

3. Comparar e contrastar os processos PVD e CVD

Pathan (2004), Choy (2003) e Freund (2003) verificaram que existem várias semelhanças e diferenças entre os sistemas de deposição física de vapor (PVD) e de deposição química de vapor (CVD). Em primeiro lugar, o sistema de vácuo da PVD e o da CVD são semelhantes. Têm uma câmara de vácuo, uma bomba rotativa para produzir baixo vácuo e uma bomba de difusão para obter alto vácuo. No entanto, o processo PVD funciona geralmente a alto vácuo, enquanto o CVD funciona a baixo vácuo.

Em segundo lugar, no que diz respeito à temperatura, a semelhança mais notável entre as técnicas PVD e CVD é o facto de a temperatura de deposição em ambos os sistemas ser geralmente superior a 150 °C. Em contrapartida, o revestimento por PVD é depositado entre 250°C e 450°C, enquanto o revestimento por CVD é depositado a temperaturas elevadas, na gama de quase 450°C a cerca de 1050°C.

Finalmente, na CVD, o material é introduzido no substrato sob a forma gasosa, mas na PVD é introduzido sob a forma sólida. Por outro lado, as moléculas gasosas reagem com o substrato em CVD, enquanto que os átomos se movem e se depositam no substrato em PVD.

De um modo geral, parece que os sistemas PVD e CVD são bastante diferentes em termos de temperatura e grau de vácuo.

Conclusão

Nos últimos 195 anos, os processos de deposição de materiais em películas finas têm vindo a desenvolver-se consideravelmente. Geralmente, não existe apenas um sistema de deposição física de vapor para produzir películas finas, mas também existe a deposição química de vapor. Neste projeto, foram apresentados vários aspectos e técnicas importantes sobre o processo de deposição de películas finas, tais como uma breve panorâmica do processo PVD, os tipos de sistema PVD que são a evaporação térmica e a pulverização catódica, uma breve panorâmica do processo CVD, o PECVD que é uma técnica significativa do CVD, e as vantagens e desvantagens de ambos os sistemas. Por último, foram discutidas as comparações e contrastes entre PVD e CVD.

A partir da explicação dos processos de deposição de película fina que são PVD e CVD. Pode concluir-se que a técnica de evaporação térmica, em particular a que tem uma fonte de feixe de electrões, é o método mais favorável para depositar películas finas para materiais que têm alta e baixa fusão. Em contrapartida, o método de pulverização catódica é útil para a deposição de películas finas para materiais policristalinos. Por outro lado, para películas dieléctricas, o sistema PECVD é mais vantajoso do que outros sistemas CVD. Além disso, de acordo com os muitos estudos efectuados, pode verificar-se que a técnica PVD é mais favorável do que a técnica CDV para o fabrico de películas finas.

No debate sobre a comparação e o contraste entre os processos PVD e CVD, concluiu-se que as principais semelhanças entre os dois processos são o sistema de vácuo e a temperatura de deposição. No entanto, o nível de vácuo e o grau de temperatura de cada sistema são bastante diferentes. Em contrapartida, a diferença mais notável é a forma de introdução dos materiais. Por exemplo, a forma de introdução do material no substrato em PVD e CVD é sólida e gasosa, respetivamente. Parece que a PVD e a CVD são ligeiramente semelhantes.

Reconhecimento

O autor gostaria de agradecer ao Ministério do Ensino Superior e da Investigação Científica do Curdistão-Iraque, bem como à Universidade de Zakho, pelo apoio a este projeto.

Parte 2

Resumo

O sistema de liga em vácuo foi concebido e construído para a liga (Te61.8Se38.2). As películas finas de Te61.8Se38.2 foram preparadas por sistema de evaporação térmica sob pressão de cerca de (5×10^{-5}) mbar. Foram preparadas três amostras de películas finas num ciclo de evaporação, uma no centro da fonte de evaporação e as outras duas ao lado (utilizando um suporte de substrato plano) para estudar o efeito do ângulo de evaporação nas propriedades da película fina de Te61.8Se38.2.

A fluorescência de raios X (XRF) foi utilizada para investigar a pureza dos materiais primários e da liga Te61.8Se38.2. Também foi utilizado o sistema (XRD) para investigar a estrutura da liga Te61.8Se38.2 e das películas finas Te61.8Se38.2. As medições eléctricas das amostras de película fina mostraram que a amostra central tem uma energia de ativação (0,575eV e a sua espessura é de 415 nm) e a amostra lateral tem uma energia de ativação (0,61eV e a sua espessura é de 340 nm).

Capítulo 1

1. Introdução

Uma mistura homogénea de dois ou mais metais ou de um metal e um não metal, quando fundidos a uma determinada temperatura, forma um novo metal após a solidificação, designado por liga. No estado sólido, uma liga pode estar presente numa ou mais das seguintes formas [1];

(i)   Como solução sólida.

(ii) Como fase intermédia ou composto químico intermédio.

(iii) Como uma mistura mecânica finamente dividida de solução sólida.

(iv) Como uma mistura mecânica de metais finamente dividida.

(v) Como uma mistura mecânica finamente dividida de compostos químicos de metais, os metais individuais e soluções sólidas.

As regras de Hume-Rothery prevêem quais os metais que formarão soluções sólidas com base nos tamanhos relativos e nas propriedades electrónicas dos átomos de metal [2].

O sistema líquido da liga TeSe abrange uma vasta gama de comportamentos electrónicos entre metais e isoladores [3].

Nos últimos anos, a ciência das películas finas tem crescido a nível mundial, tornando-se uma área de investigação importante. As películas finas são de particular interesse para o fabrico de matrizes solares de grande área, revestimentos selectivos, células solares, sensores fotocondutores, revestimentos antirreflexo, elementos de interferência, polarizadores, filtros de banda estreita, detectores de infravermelhos, revestimentos de guia de ondas, controladores de temperatura de satélites, revestimentos solares foto-térmicos, etc. [4].

O Te e o Se formam ligas em toda a gama de composição, em que os átomos de

Te e Se estão distribuídos aleatoriamente numa cadeia de copolímero na fase trigonal [5, 6].

As propriedades eléctricas de misturas líquidas de Te-Se a altas temperaturas e altas pressões foram estudadas por [7].

A condutividade eléctrica σ e a potência termoeléctrica S foram medidas para misturas líquidas de Te-Se numa vasta gama de temperaturas e pressões. Alterações substanciais em σ e S são induzidas por uma ligeira aplicação de pressão. A região onde tais mudanças ocorrem é determinada pelo plano de concentração-temperatura. Sugere-se que a transição observada de semicondutor para metal é originada pela mudança estrutural. O principal objetivo deste estudo é investigar as propriedades estruturais e eléctricas de filmes finos de $Te_{61.8}Se_{38.2}$ evaporados termicamente.

Capítulo 2

2. Métodos experimentais

2.1 Preparação da liga Te61.8Se38.2

A liga Te61.8Se38.2 foi preparada tomando as proporções necessárias (em peso) de Se e Te 99,999% puros numa ampola Pyrex. O tubo de vidro Pyrex foi limpo com produtos químicos desengordurantes como o álcool e a acetona. Pré-aquecendo o tubo de vidro sob vácuo para desengordurar completamente todas as contaminações no interior do tubo. Foram introduzidos no tubo de vidro materiais com uma percentagem de peso específico de Te-Se (a 20 cm do fundo do tubo foi estreitado como um gargalo). O processo de capsulagem foi efectuado sob vácuo (2×10^{-2} mbar), depois a cápsula foi selada hermeticamente e introduzida no forno elétrico, sendo aquecida a 973K durante seis horas, com o forno agitado várias vezes durante o processo de síntese para aumentar a homogeneidade da liga e garantir a mistura completa dos constituintes.

2.2 Preparação da película fina de Te61.8Se38.2

As películas finas foram preparadas por evaporação térmica. O sistema de vácuo que foi utilizado para preparar as películas finas é da empresa Edwards, do tipo E306. No início, foram depositados pólos finos de alumínio para o estudo das propriedades eléctricas utilizando uma bobina de tungsténio como elemento de aquecimento e, em seguida, o pó de Te61.8Se38.2 (após a moagem do lingote Te61.8Se38.2, que já foi preparado pelo nosso sistema de liga) evaporou-se utilizando um barco de molibdénio (Mo). Três vidros microscópicos foram utilizados como substratos e dispostos como um no centro da fonte de evaporação, e os outros dois substratos de vidro rodeiam o substrato centrado pelos seus dois lados. O processo de evaporação foi efectuado num vácuo inferior a (5×10^{-5}) mbar.

Capítulo 3

3. Resultados e discussão:

Depois de quebrada a cápsula, (antes de depositar as películas) o lingote (liga Te61.8Se38.2) foi testado por meio de microscópio ótico. O teste revela que a camada exterior e interior da liga era muito brilhante, o que indica que não há hipótese de oxidação associada ao processo de liga [8].

O gráfico qualitativo da fluorescência de raios X da liga Te61.8Se38.2 indica que a liga é muito pura e os elementos que foram utilizados para a sua preparação são também caracterizados por uma elevada pureza. Como mostra a Fig. (1), a intensidade dos picos de Se é superior à intensidade dos picos de Te no lingote da liga Te61.8Se38.2.

Quatro amostras de filmes finos de Te61.8Se38.2 foram testadas por fluorescência de raios X como análise qualitativa. As quatro amostras são: -

1- AS preparado Amostra centrada (CS) (a posição do substrato no centro da fonte de evaporação)

2- AS preparado Amostra de lado (SS) (a posição do substrato no lado do CS)

3- Amostra centrada (CS) aquecida a 463 K durante uma hora.

4- Amostra de lado (SS) aquecida a 463 K durante uma hora.

Os gráficos de fluorescência de raios X das amostras acima (1, 2, 3 e 4) são mostrados nas Figs. (2), (3), (4) e (5), respetivamente.

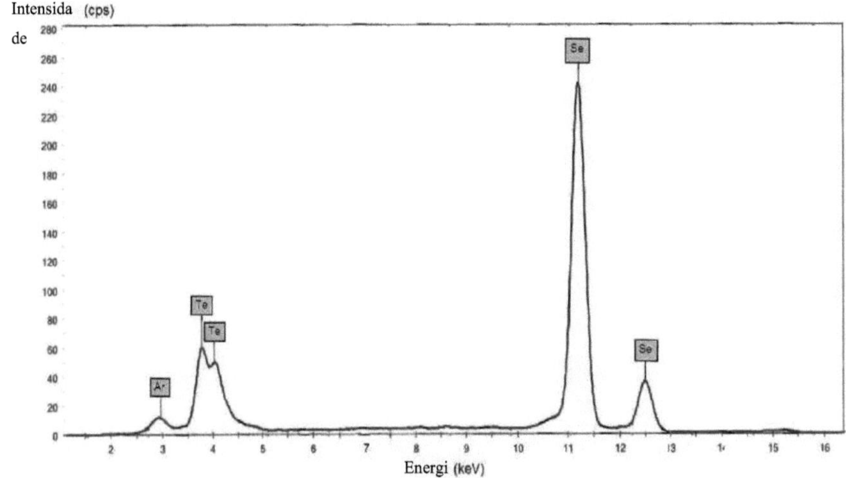

Figura 1: Gráfico qualitativo de fluorescência de raios X da liga Te61.8Se38.2

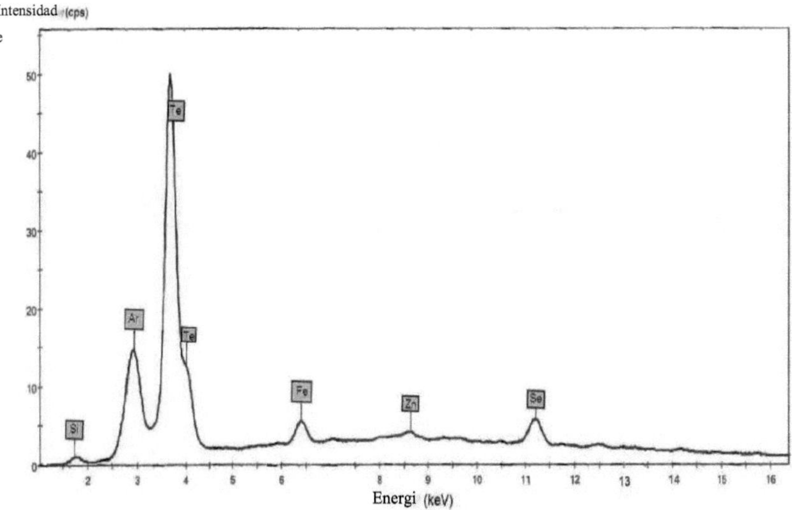

Figura 2: Gráfico de fluorescência de raios X da película (CS) recozida a 398 K durante uma hora

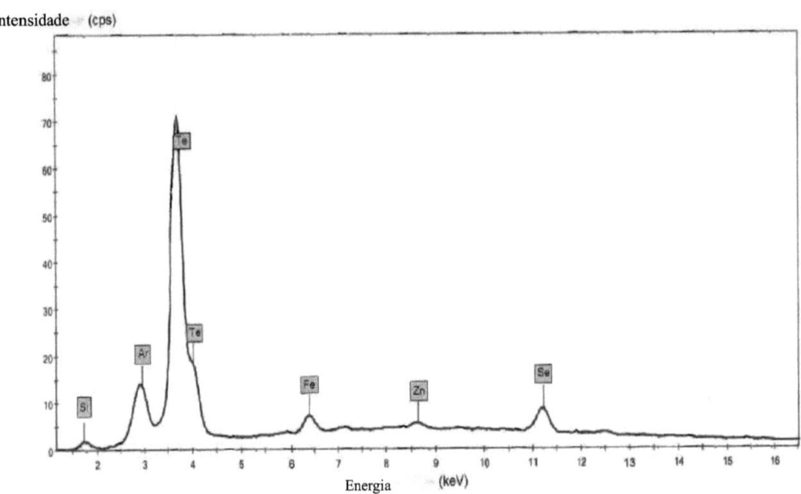

Figura 3: Gráfico de fluorescência de raios X da película (SS) recozida a 398 K durante uma hora

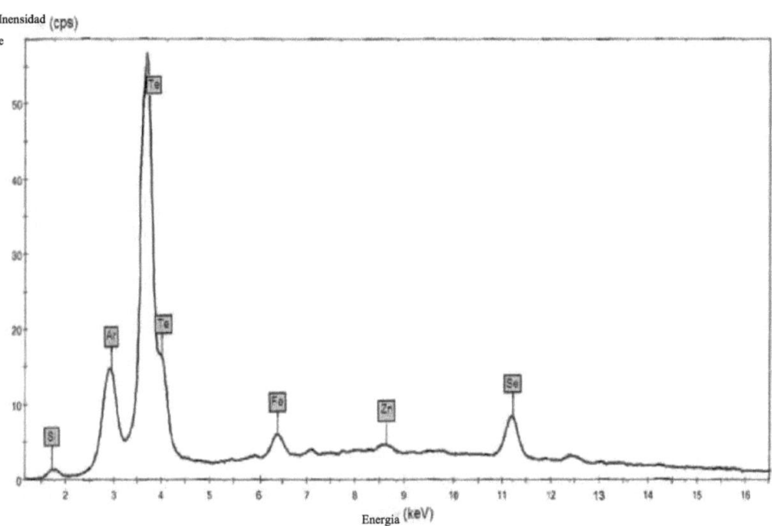

Figura 4: Gráfico de fluorescência de raios X da película (CS) recozida a 463 K durante uma hora

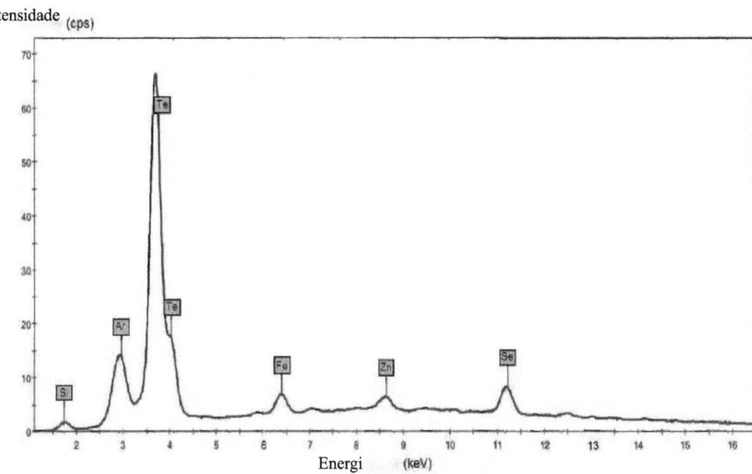

Figura 5: Gráfico de fluorescência de raios X da película (SS) recozida a 463 K durante uma hora

Pode notar-se na Figura 1 que a intensidade dos picos de Te e Se é completamente diferente da de todas as outras películas finas, como se pode ver a seguir. Acredita-se que esta diferença de intensidade se deve à distribuição não homogénea de Te e Se durante o processo de liga, e onde quer que a maioria dos átomos de Se não seja depositada no substrato devido ao seu peso leve, o que permite deflectir e difratar os átomos de Se do substrato.

A partir das Figs. (2, 3, 4 e 5), os primeiros três elementos estranhos (Si, Fe e Zn) aparecem nos quatro gráficos da película fina de Te61.8Se38.2, o que se espera das composições químicas da lâmina de substrato, que é feita de vidro. No entanto, espera-se que o último elemento estranho Ar (gás árgon) apareça porque foi utilizado gás Ar em vez de He (gás hélio) no processo de funcionamento do dispositivo XRF [912].

As mesmas amostras de películas finas que foram investigadas pela unidade XRF foram também testadas pela unidade XRD. As figuras (6), (7) e (8) representam o CS como depósito, e recozido a 398K e recozido a 463K durante uma hora, respetivamente.

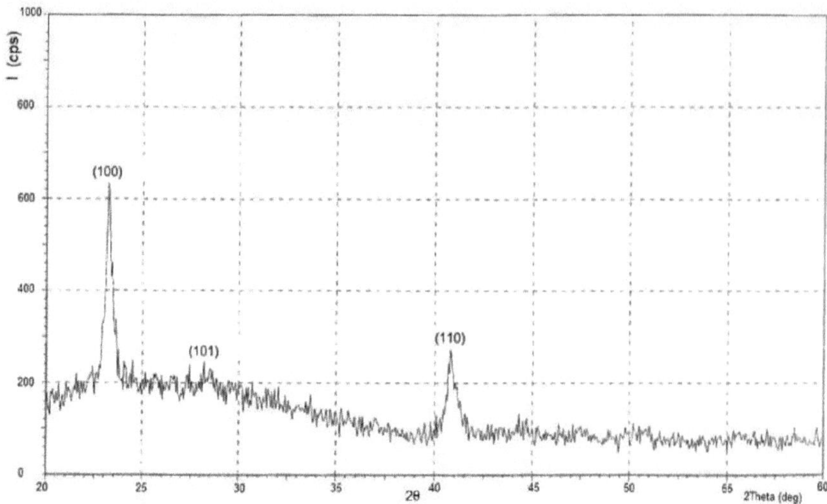

Figura 6: Padrão de difração de raios X para a película fina de Te61.8Se38.2 (CS como depósito)

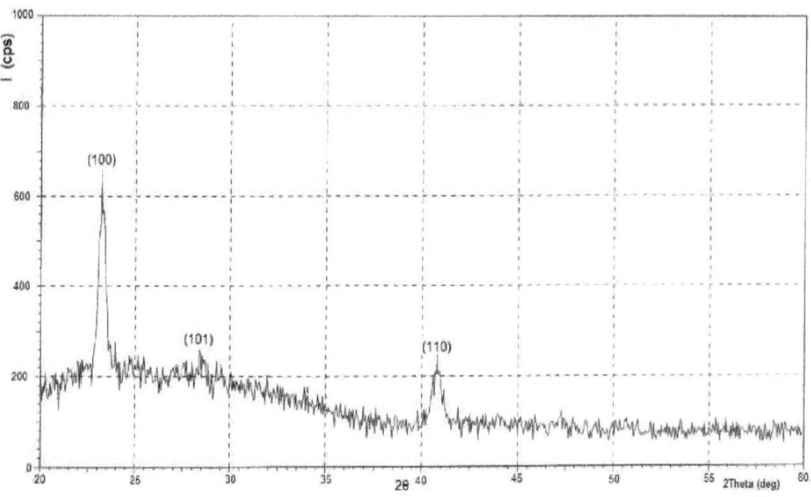

Figura 7: Padrão de difração de raios X para a película fina de Te61.8Se38.2 (CS recozido a 398K)

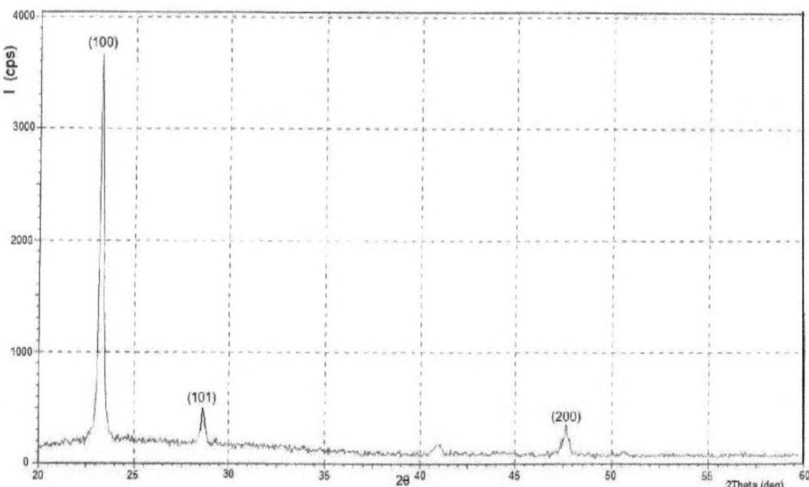

Figura 8: Padrão de difração de raios X para a película fina de Te61.8Se38.2 (CS recozido a 463 K)

As figuras mostram que não há picos pertencentes a Te ou Se, o que significa que os elementos Te e Se produzem uma solução sólida substitucional sem a riqueza de Te ou Se [3, 13]. Também é mostrado que os cristalitos são quase os mesmos em 398K se comparados com a película fina como depósito. Pensa-se que a energia que os átomos ganham a 398K não é suficiente para reorganizar os átomos de modo a produzir um cristalito mais ordenado. Por outro lado, quando foi recozido a 463K, a cristalização torna-se mais pronunciada (mais grãos grandes).

Quando a temperatura da amostra aumenta, as intensidades dos picos também aumentam e indicam o aumento do grau de cristalinidade [14]. As Fig. (9), (10) e (11) representam a SS como depósito, recozida a 398K e recozida a 463K durante uma hora, respetivamente.

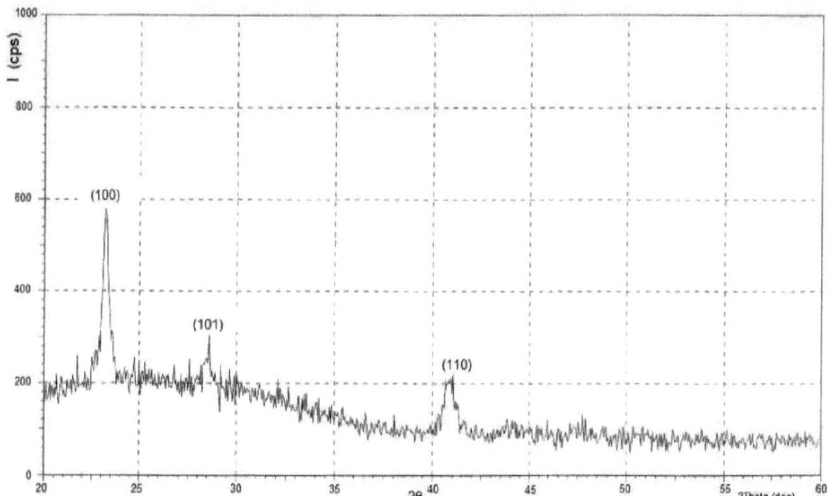

Figura 9: Padrão de difração de raios X para a película fina de Te61.8Se38.2 (SS como depósito)

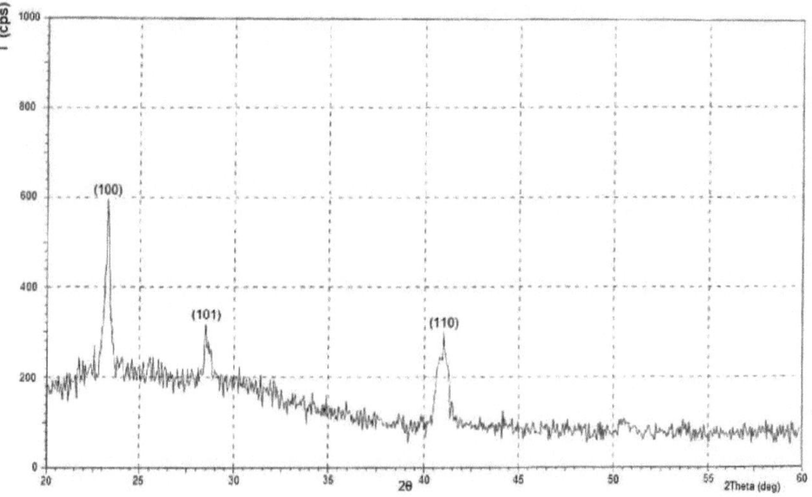

Figura 10: Padrão de difração de raios X para a película fina de Te61.8Se32.2 (SS recozida a 398 K)

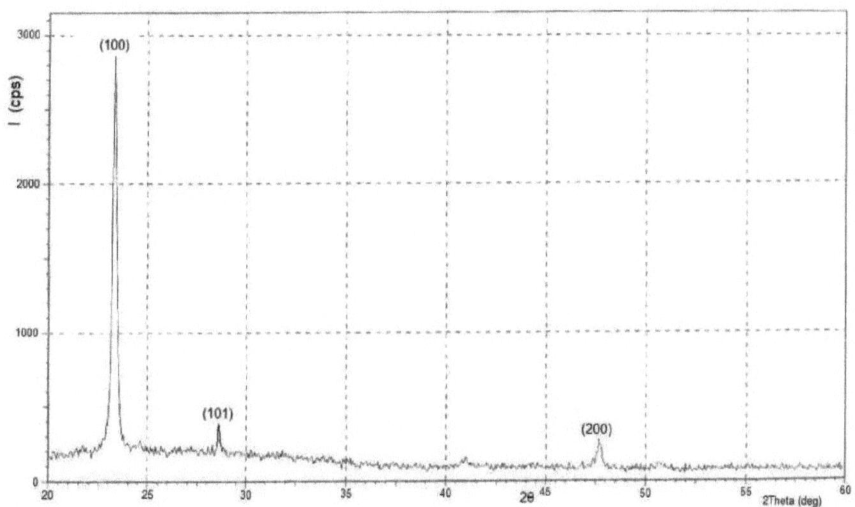

Figura 11: Padrão de difração de raios X para a película fina de Te61.8Se38.2 (SS recozida a 463 K)

As Figs. (6) e (9) mostram que o cristalito na Fig. (6) é mais ordenado devido à espessura da amostra CS, que é maior do que a espessura da amostra SS. Também se pode ver que a intensidade do pico aumenta e tem mais nitidez à medida que a espessura da película aumenta [9, 13]. Isto pode ser atribuído ao facto de a posição da amostra se referir ao barco. A distância interplanar para cada pico do espetro foi determinada utilizando a equação de difração de Bragg. Os valores calculados de d_{hkl} para a liga Te61.8Se38.2, amostras CS e SS são mostrados nas Tabelas (1), (2) e (3), respetivamente.

Tabela 1: valores de *hkl* e *dhkl* para a liga Te61.8Se38.2

hkl	*dhkl* (A°)
101	3.1957
110	3.1569
102	2.0566

Tabela 2: valores de *hkl* e *dhkl* para a amostra de película CS

Como depósito		Recozido a 398 K		Recozido a 463 K	
hkl	*dhkl* (A°)	*hkl*	*dhkl* (A°)	*hkl*	*dhkl* (A°)
100	3.8206	100	3.8221	100	3.8100
101	3.1244	101	3.1237	101	3.1244
110	2.2051	110	2.2098	200	1.9100

Tabela 3: valores de *hkl* e *dhkl* para a amostra de película de SS

Como depósito		Recozido a 398 K		Recozido a 463 K	
hkl	*dhkl* (A°)	*hkl*	*dhkl* (A°)	*hkl*	*dhkl* (A°)
100	3.8213	100	3.8142	100	3.8083
101	3.1235	101	3.1211	101	3.1129
110	2.2047	110	2.2024	200	1.9056

Para estudar a dependência da temperatura da condutividade eléctrica das amostras de Te61.8Se38.2 _{depositadas}, foram depositadas películas de 415 nm de espessura (amostra CS) e 340 nm de espessura (SS) em substratos de vidro por evaporação térmica. As Figs. (12 e 13) mostram a dependência da temperatura da condutividade eléctrica das películas CS e SS preparadas, respetivamente. Em ambas as figuras são apresentadas três regiões de um gráfico lnσ vs. *1/T*. Na primeira região (I), que se estende da temperatura de 338 K até 398 K, a condutividade varia com a temperatura de acordo com a relação de Arrhenius $\sigma = \sigma_0 \exp(-\Delta Ea / K_B T)$, onde σ_0 é o fator pré-exponencial e ΔEa a energia de ativação para a condução, que é de 1,17 eV para a amostra CS e 1,24 eV para a amostra SS. A segunda região (II), que começa a partir de cerca de 398 K até $\approx$ 453 K de ambas as amostras, mostra um rápido aumento da condutividade da película examinada como resultado do aumento da temperatura e ΔEa é 0,992eV e 1,03 eV para as amostras CS e SS, respetivamente. Corresponde à transformação amorfo-cristalina. A terceira região (III), que se inicia a partir de cerca de 453 K até $\approx$ 473 K, explica a relação lnσ vs. *1/T* no caso de um estado cristalino, em que a energia de ativação para a condução (ΔEa) diminui para 0,814 eV para a amostra CS e 0,816 eV para a amostra SS, como se mostra na Tabela (4).

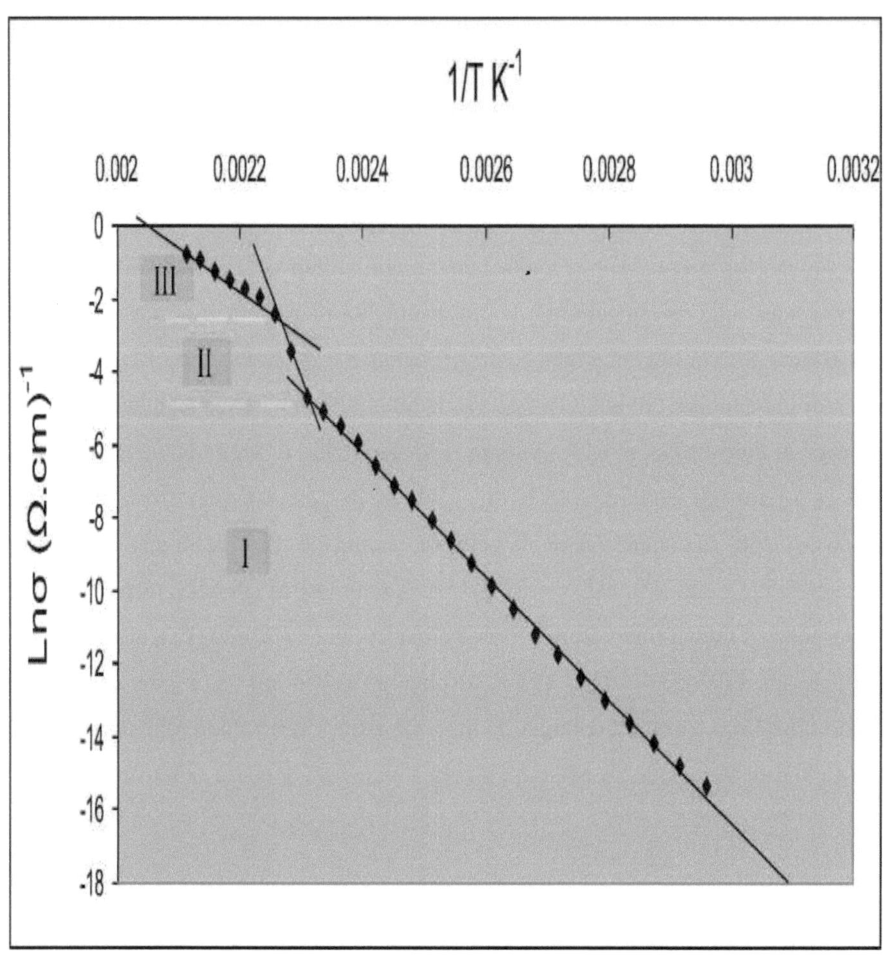

Figura 12: Dependência da temperatura da condutividade DC para a película fina de Te61.8Se38.2 (amostra CS)

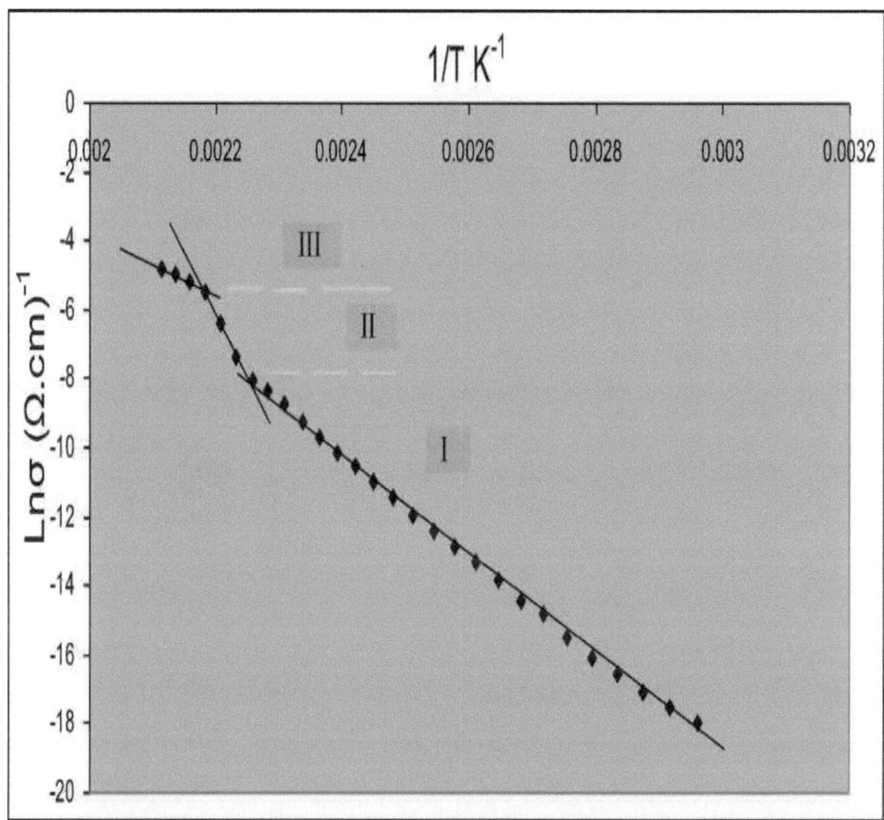

Figura 13: Dependência da temperatura da condutividade DC para a película fina de Te61.8Se38.2 (amostra SS)

Ao aquecer as películas depositadas (CS e SS) da temperatura ambiente para *T=463* K e mantendo a temperatura elevada constante durante uma hora, a curva das três regiões de ambas as amostras é transformada numa única linha reta com uma energia de ativação igual a 0,575 eV para a amostra CS e 0,61 eV para a amostra SS, como se mostra nas Fig. 14 e 15, respetivamente. Em geral, a condutividade da película recozida torna-se mais elevada do que a da película preparada. Como se mostra na Tabela (4), as medições da condutividade eléctrica DC mostram que a condutividade aumenta com o aumento da temperatura mas a energia de ativação diminui, a energia de ativação ΔEa diminui gradualmente com o correspondente aumento gradual da condutividade σ [3, 13].

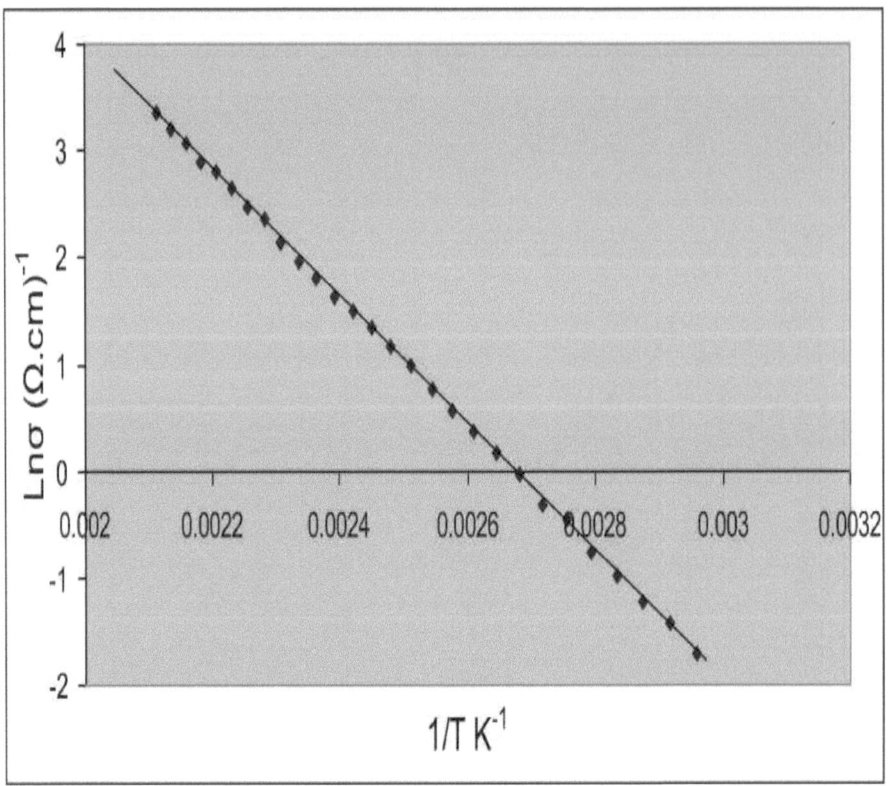

Figura 14: Condutividade DC das películas finas de CS depois de recozidas a 463 K (mais cristalinas) (t=415nm, ΔEa=0,575ev)

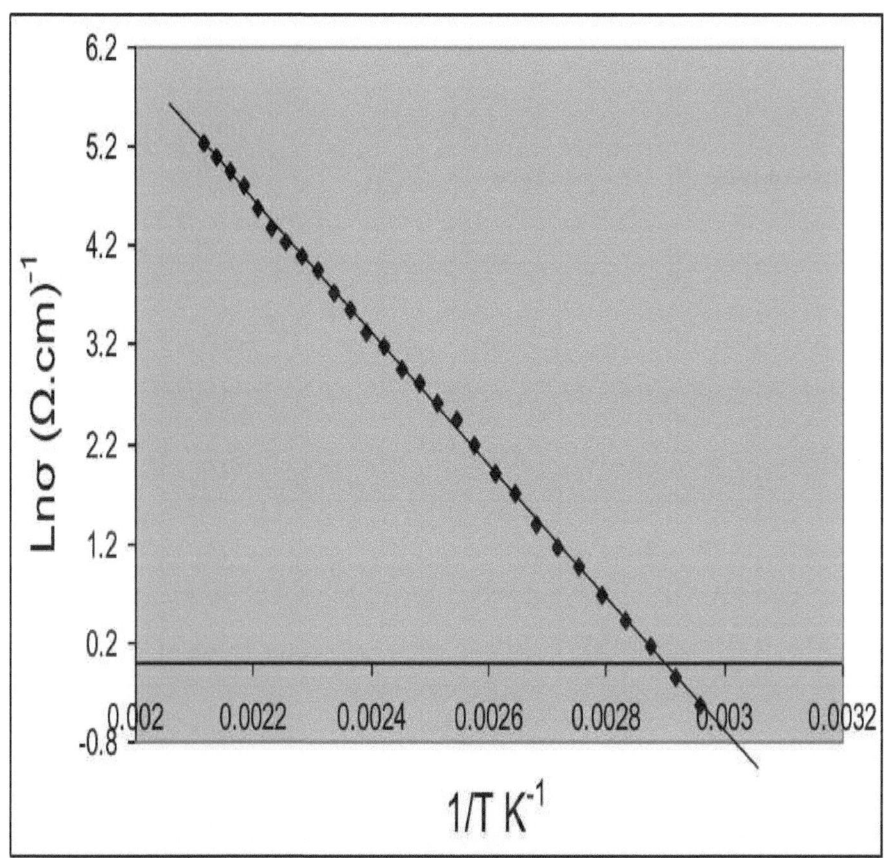

Figura 15: Condutividade DC das películas finas de SS após recozimento a 463 K (t=340nm) (ΔEa=0,61ev) (Mais cristalina)

A condutividade σ e a energia de ativação ΔEa para as amostras CS e SS foram correlacionadas com as características estruturais. É evidente, a partir do comportamento da condutividade e dos valores das energias de ativação, como a estrutura se aproxima da forma mais cristalina através do recozimento, o que foi melhorado pelo estudo estrutural, tal como mencionado anteriormente [13,15].

Tabela 4: energia de ativação das amostras de CS e SS depositadas e recozidas neste estudo e as encontradas em estudos anteriores

CS como depósito		SS como depósito		CS recozido a 463 K	SS recozido a 463 K	Anterior
T (K)	ΔEa (eV)	T (K)	ΔEa (eV)	ΔEa (eV)	ΔEa (eV)	ΔEa (eV)
338 a 398	1.17	338 a 398	1.24	0.575	0.61	1,4 como depósito 0,6 recozido a 453 K [13]
398 a 453	0.992	398 a 453	1.03			
453 a 473	0.814	453 a 473	0.816			

Conclusões

Em resumo, demonstrámos que o sistema de liga que foi considerado neste trabalho é um sistema muito adequado para a liga binária. Os resultados indicam que a posição do substrato da película fina tem um papel significativo nas características da película fina, tais como a espessura e as propriedades eléctricas (energia de ativação). Além disso, investigámos as propriedades eléctricas da película fina de $Te_{61.8}Se_{38.2}$ depositada em vidro pela técnica de evaporação térmica. As propriedades eléctricas das amostras (CS e SS) são afectadas pelo recozimento. Assim, as amostras CS e SS, que são recozidas a 463K, são mais cristalinas e a energia de ativação diminui. A energia de ativação para CS (espessura de 415 nm) e SS (espessura de 340 nm) é de 0,575eV e 0,61eV, respetivamente.

Âmbito futuro

Neste trabalho estudamos a preparação da liga Te61.8Se38.2 (em peso) e do filme fino de Te61.8Se38.2. Além disso, investigámos a dependência da temperatura da condutividade eléctrica do espécime de Te61.8Se38.2 preparado, filmes de 415 nm de espessura (amostra CS) e 340 nm (amostra SS). O objetivo futuro do recozimento destas amostras é transferir a película fina para o estado cristalino e diminuir a energia de ativação para a condução (ΔEa). Como resultado, a condutividade da película recozida torna-se mais elevada do que a da película depositada. Além disso, o objetivo futuro deste trabalho é produzir películas finas com maior dureza, maior fotossensibilidade, maior temperatura de cristalização e menores efeitos de envelhecimento em comparação com o Se amorfo puro.

Referências

[1]   AZoM (2002) *Physical vapour Deposition (PVD)- An Introduction* [em linha] disponível em <http://www.azom.com/article.aspx?ArticleID=1558> [29 de julho de 2012]

[2]   Bhat, D. G. (2006) "Chemical Vapour Deposition". In *Coatings Technology Handbook*. ed. por Tracton, A. A. 3rd edn. EUA (Cidade não mencionada): Taylor & Francis Group, LLC

[3]   Chopra, K. L. (1969) *Thin Film Phenomena*. New York: McGraw-Hill

[4]   Choy, K. L. (2003) *Chemical vapour deposition of coatings*. Londres: Elsevier Science Ltd.

[5]   Cvimells Griot (n.d) *Thin-film production* [em linha] disponível em <https://www.cvimellesgriot.com/products/Documents/TechnicalGuide /Optical-Coatings.pdf> [28 de julho de 2012]

[6]   ETAFILM Technology Inc (n.d) *Optical Thin Film Deposition Technology History-Thermal evaporation* [online] disponível em
[7]   <http://www.etafilm.com.tw/Thinfilm_filter_Deposition_History.html> [25 de julho de 2012]

[8]   Freund, L. B., e Suresh, S. (2003) *Thin Film Materials*. Cambridge: Cambridge University Press

[9]   Jameel, D. (2008) *Difração de Raios X e Condutividade Eléctrica DC para $Te_{61.8}Se_{38.2}$ Thin Films*. Tese de mestrado não publicada. Duhok: Universidade de Duhok

[10]   Korkin, A., Gusev, E., Labanowski, J., e Luryi, S. (2007) *Nanotechnology for Electronic Materials and Devices*. Nova Iorque, EUA: Springer Science+Business Media, LLC

[11]   MEMSnet (n.d) *Thin Film Deposition Processes* [em linha] disponível em <http://www.memsnet.org/mems/processes/deposition.html> [01 de agosto de 2012]

[12]   Pathan, H. M., e Lokhande, C. D. (2004) 'Deposition of metal chalcogenide thin films by successive ionic layer adsorption and reaction (SILAR) method'. *Bull. Mater. Sci.* 27 (2), 85-111

[13]   SiliconFarEast (2004) *Physical Vapour Deposition (PVD) by Sputtering* [em linha] disponível em <http://www.siliconfareast.com/sputtering.html> [26 de julho de 2012]

[14]   Singh, J., e Shimakawa, K. (2003) *Advances in Amorphous Semiconductors*. Londres e Nova Iorque: Taylor & Francis.

[15]   Vossen, J. L. (1991) *Material Science of Thin Films*. 2nd edn. Nova Jersey: Milton Ohring

[16]   Wasa, K., Kitabatake, M., e Adechi, H. (2004) *Thin Film Materials Technology*. Estados Unidos: WalliamAndrew, Inc e Springer

[17] **Difração de Raios X e Condutividade Eléctrica DC para Te61.8Se38.2 filmes finos**

[18]   **Dler A. Jameel**[1,2] **, Salah A. Azou**[3] **, Sabah M. Ahmed**[3]

[19] *¹Universidade de Zakho, Faculdade de Ciências, Departamento de Física,*

Zakho,

Região do Curdistão, Iraque

[20] *²Escola de Física e Astronomia, Nottingham Nanotechnology and*

[21] *Nanoscience Center, Universidade de Nottingham, Nottingham NG7 2RD,*

Reino Unido

[22] *³Universidade de Duhok, Faculdade de Ciências, Departamento de Física,*

Duhok,

Região do Curdistão, Iraque

Palavras-chave: Materiais amorfos; Filmes finos, Difração de raios X, Fluorescência de raios X e Propriedades eléctricas

[23] S. L. Kakani, A. Kakani, Material Science, New Age International, Delhi (2004).

[24] K.A. Gschneidner, Electronic and crystal structures, size (ECS^2) model for predicting binary solid solutions, Progress in Materials Science, 49 (2004) 411-428.

[25] M. F. Kotkata, A. A. El-Ela, E. A. Mahmoud, M. K. El-Mously, Electrical transport and structural properties of Se-Te semiconductor, Ata Physica Academiae Scientiarum Hungaricae 52 (1982) 3-13.

[26] H. M. Pathan, C. D. Lokhande, Deposição de películas finas de calcogenetos metálicos pelo método de adsorção e reação de camadas iónicas sucessivas (SILAR), Bulletin of Materials Science 27 (2004) 85-111.

[27] C. H. W. Jones, M. Mauguin, A 125Te and 129I Mössbauer study of tellurium-selenium and tellurium-sulfur phases, J. Chem. Phys. 67 (1977) 1587-1593.

[28] E. Grison, Studies on tellurium-selenium alloys, J. Chem. Phys.19 (1951) 1109-1113.

[29] M. Yao, M. Misonou, K. Tamura, K. Ishida, K. Tsuji, H. Endo, Electrical Properties of Liquid Te-Se Mixtures at High Temperatures and High Pressures, J.

Phys. Soc. Japan 48 (1980) 109-114.

[30]http://www.mybagspa.com/index.php?act=viewDoc&docId=8.

[31]J. Goldstein, D. E. Newbury, D. C. Joy, C. E. Lyman, P. Echlin, E. Lifshin, L.C. Sawyer, J.R. Michael,. Scanning Electron Microscopy and X-ray Microanalysis (Microscopia Eletrónica de Varrimento e Microanálise de Raios X). Kluwer Academic/Plenum Publishers, Nova Iorque, 689 (2003).

[32] http://www.bruker-axs.de/fileadmin/user_upload/xrfintro/sec1_7.html.

[33] http://ie.lbl.gov/xray/fe.htm.

[34] http://ie.lbl.gov/xray/zn.htm.

[35] M. K. El-Mously, M. El-Zaidia, S. A. Salam, Crystallization and electrical properties of amorphous Se-Te solids, Centro Internacional de Física Teórica, Agência Internacional de Energia Atómica (1972).

[36] S. Y. Asoka, MSc. Tese de Mestrado. Universidade de Salahaddin (2007).

[37] A. H. Moharram, Condutividade eléctrica e cinética de cristalização de filmes de $Se_{70}Te_{30}$, Thin Solid Film 392 (2001) 34-39.

Perfil do autor

O Dr. Dler A. Jameel concluiu o seu bacharelato na Universidade de Duhok, Região do Curdistão, Iraque, em 2004, o seu mestrado em Ciência dos Materiais na Universidade de Duhok, Região do Curdistão, Iraque, em 2008, e o seu doutoramento em nanomateriais, semicondutores e física aplicada na Escola de de Física e Astronomia, Centro de Nanotecnologia e Nanociência de Nottingham, Universidade de Nottingham, Reino Unido. Publicou dezoito trabalhos de investigação no domínio do estudo de defeitos em materiais semicondutores e noutros domínios. Participou em muitas conferências e workshops, como o *Workshop sobre Desafios Materiais em Dispositivos para a Produção de Combustível Solar e Emprego no **Centro Abdus Salam (ICTP)***. Trabalhou como demonstrador na Escola de Física e Astronomia da Universidade de Nottingham, Reino Unido. Atualmente, trabalha como professor (Dr.) na Faculdade de Ciências, Departamento de Física, Universidade de Zakho, Região do Curdistão, Iraque.

O Dr. Salah A. Azou concluiu a sua licenciatura na Universidade de Mosel, Iraque, em 1982, o mestrado em dieléctrica na Universidade de Tashkent, Uzbequistão, em 1988, e o doutoramento em semicondutores na Universidade de Moscovo, URSS, em 1991. Publicou muitos trabalhos de investigação em semicondutores e estado sólido. Trabalhou como diretor do departamento de física da Universidade de Duhok (de 2000 a 2012). Atualmente, trabalha como Professor Assistente Dr. no Departamento de Física da Universidade de Duhok, Região do Curdistão, Iraque.

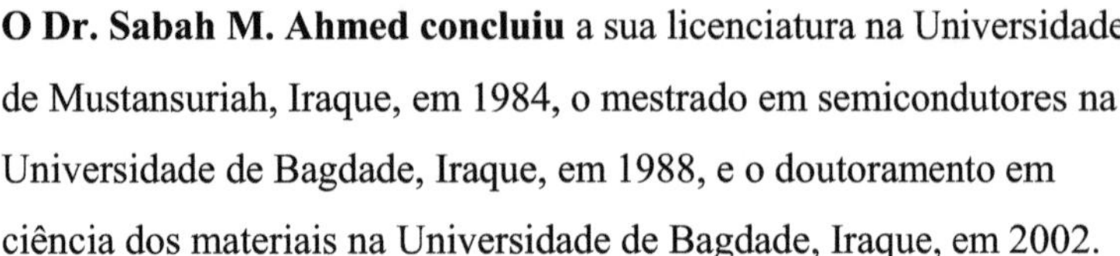

O Dr. Sabah M. Ahmed concluiu a sua licenciatura na Universidade de Mustansuriah, Iraque, em 1984, o mestrado em semicondutores na Universidade de Bagdade, Iraque, em 1988, e o doutoramento em ciência dos materiais na Universidade de Bagdade, Iraque, em 2002. Publicou muitos trabalhos de investigação em semicondutores e ciência dos materiais. Trabalhou como Diretor-Geral do Centro de Ciência dos Materiais, Iraque (1995). Atualmente, trabalha como Professor Assistente Dr. no Departamento de Física da Universidade de Duhok, Região do Curdistão, Iraque.

yes
I want morebooks!

Buy your books fast and straightforward online - at one of world's fastest growing online book stores! Environmentally sound due to Print-on-Demand technologies.

Buy your books online at
www.morebooks.shop

Compre os seus livros mais rápido e diretamente na internet, em uma das livrarias on-line com o maior crescimento no mundo! Produção que protege o meio ambiente através das tecnologias de impressão sob demanda.

Compre os seus livros on-line em
www.morebooks.shop

info@omniscriptum.com
www.omniscriptum.com

Printed by Books on Demand GmbH, Norderstedt / Germany